笑死人的进化

· 弱小的进化 ·

[日]今泉忠明 编
钱剑锋 译　齐硕 审校

中信出版集团 | 北京

突然想问一下大家，

为什么
有些动物会
这么小呢？

其实……

它们在进化过程中，之所以变得像现在这么小，

是有各种复杂的原因哟！

决定体形大小，主要有以下 3 大因素

因素 1 环境

→环境的优胜劣汰，请前往第Ⅳ页！

因素 2 气温

→贝格曼法则，请前往第Ⅵ页！

因素 3 重力

→进化和重力的关系，请前往第Ⅷ页！

因素 1

环境

它们为了生存下去，体形只能越变越小吗?!

这些环境统称为生态位。不同的生物为了生存下去，需要占据各自的生态位。

2021 年发现了一种纳变色龙，它的全长竟然只有 2 厘米左右。之前人们认为世界上最小的变色龙是微变色龙，而纳变色龙比它还要小。

那么，它们为什么会变得这么小呢？为了解开这个谜题，我们必须先来了解一下“生态位”这个名词。

“生态位”是生物学名词，意思是“生物在生物群落生态系

统中的作用和地位，以及与栖息、食物、天敌等多种环境因子的关系”。生物为了生存下去，需要拥有一定的食物和生活空间。

但是环境资源是有限的。当缺乏生存空间时，生物们就会想尽一切办法，寻找新的生存空间，比如说树皮下面、地面、岩石之间的缝隙等。当生存空间不足时，它们就会选择栖息在狭小的空间内，而这种选择就有可能进化出更小的动物来。如果自然界仍然保持生物多样性的话，那么随着生态位的饱和，今后将不断出现越来越多的微小动物。

因素 2

气温

生活在寒冷地区的动物，体形一般都比较高大，这是为什么呢？

栖息地的气温和动物的体形，并不是毫不相关！

动物在进化过程中，很好地适应了生活环境和当地的气温。生活在寒冷地区的动物，它们的身体有利于保暖；而生活在炎热地区的动物，它们的身体则有利于散热。

体温能够保持相对稳定的动物，称为恒温动物。一般来说，恒温动物，即使是同一物种，生活的地方越寒冷，它的体形就越大，这就是贝格曼法则。

动物个体越大，相对体表面积就越小，这有利于防止体内热量的散失。这一法则，不仅适用于同一物种，也适用于近缘物种。一般来说，生活在北极地区的北极熊体形就很庞大，而栖息在东南亚的马来熊体形就比较小。

此外，同一物种或近缘物种，生活的地方越是寒冷，其身体的突出部位，如耳朵等器官就越短（艾伦法则）。这些突出的部位越大，体表面积就越大，体内热量就越容易散失，反之就不容易散失。

因素 3

重力

切叶蚁能够举起相当于自身重量10倍之多的树叶

自身体重越大，受到重力的影响就越大。

一般情况下，随着进化，有的动物的体形会变得越来越大。因为体形越大，就越有利于战胜天敌，在和对手的竞争中越容易占据上风，并且获得充足的食物。但是一般来说，体形越大，体重就越大，这往往会带来一些不利因素和负面影响。相反，体形越小，体重就越小，它克服重力影响的代价就比较小。

比如说，全长仅仅只有 1 厘米左右的切叶蚁，它能够轻松举起相当于自身重量 10 倍之多的树叶。

而非洲象呢，不用说相当于自身重量 10 倍之多的东西，只要是比自己重的东西，它就没办法举起来。跳蚤跳起来的高度可以达到自身全长的 100 倍之多，像这样的动物，体形越小，它克服重力影响的代价就小，所以行动灵活自如。

但是，动物体形大小和克服重力之间的关系，仅适用于陆地上的动物。到了水里，动物是靠水的浮力来承载体重的，动物在水中几乎感受不到自身重量。所以，遨游在海洋里的长须鲸体重高达 130 吨，而陆地上最大的动物非洲象最重也就 12 吨多。

写给读者的话

大家是否有过这样的疑问：为什么小动物们会这么小呢？

不论是大动物，还是小动物，它们以各自的大小生存在这个世界上，一定有着相应的理由。各种复杂的因素，如“环境”“气温”“重力”等结合在一起，造就了它们现在的体形，并以这一形态存活在这个世界上。

这些小动物努力适应生活环境，有时候甚至会改变身形或外貌，坚强地活下来。本书把它们不屈不挠、努力生存的样子呈现给大家。大家一定会不由得想为它们加油鼓劲吧！

而它们努力生存的样子，展现了生物

进化过程中许多不可思议的现象。阅读本书，我们可以看到它们的栖息环境，还有它们的体形特征，同时我们还可以带着“它们的体形为什么会是这个大小”的疑问进行思考，通过思考，我们就可能会有一些全新的、有意思的发现。

此外，我们之所以觉得“小动物是可爱的”，是因为它们带给我们无害的、安全的感觉。如果是凶猛的大动物靠近我们时，我们就会觉得好可怕，觉得自己的生命受到威胁，大家都是这么认为的吧！本书所选的都是可爱的小动物，请大家放心阅读！

目录

第一章

超级可爱的小动物

第二章

个头虽小，却很“彪悍”的小动物

第三章

竭尽全力顽强生存的小动物

第四章

小动物有趣的生活方式

第五章

不起眼，但努力生活的小动物

日本小学一年级女生的平均身高数据来源于日本教育科技部公布的 2019 年度学校保健统计。

※ 与参照物比较大小时，选用的参数是动物大小的最小值（包括体高、体长、全长等）。

※ “动物名片”上的体高，哺乳动物指的是从地面到肩部的高度。鸟类和爬行类在本书中不适用“体高”的说法，标注的是“从地面算起的高度”（鸟类是从脚到头的高度，爬行类是从脚到背部的高度）。

※ 全长指的是头部尖端（喙）到尾巴末端的长度，而体长是在全长的基础上减去尾巴的长度。鸟类和爬行类一般标注为“全长”。

第 一 章

超级可爱的小动物

这些可爱的小动物，其实都有“辛酸”的一面。
真想对这些可爱的小动物说声“加油！”
欢迎大家来到小动物们的世界。

辛酸指数

龙猫

一个毛孔里就长着 80 根毛

龙猫中文正式名绒毛丝鼠，又称南美洲栗鼠、毛丝鼠。它看起来有点像老鼠，又有点像兔子。因为它们小巧可爱，所以越来越多的人把它们当作宠物来饲养。

野生的龙猫栖息在南美安第斯山脉的高寒地区。它们昼伏夜出，以草、树皮、苔藓、仙人掌的根和叶为食。

它们身上最明显的特征就是那漂亮的青紫蓝色皮毛！因为皮毛柔软漂亮，质地又好，可加工成高端皮草，所以它们曾经遭到过人类的大肆捕杀。

龙猫的毛非常浓密，1 平方厘米竟然长着 2 万多根毛。算起来，1 个毛孔里就有 60~80 根毛。毛发如此浓密，真是令人叹为观止。

动物名片

绒毛丝鼠

【分类】 哺乳纲

【分布】 安第斯山脉高寒地区

【大小】 体长 22 ~ 38 厘米

学习手册（B5）的高度 25.7 厘米

因为实在是太冷了嘛！

辛酸指数

仓鼠

脸蛋鼓起来可以到肩部

大家超级喜欢的仓鼠！它们给人的印象就是嘴里塞满葵花子，鼓鼓囊囊的，超级可爱。不过大家知道吗？仓鼠的脸蛋实际上可以呼地鼓起来，直到肩部附近。

仓鼠的脸蛋伸缩性特别好，可以储存很多食物。那么它的脸蛋为什么可以像这样鼓起来呢？

野生仓鼠大都是杂食性的，以植物的叶、茎、种子、果实为主食，也吃昆虫等。但是它的天敌众多，食物很难得到保证。因此，仓鼠一旦发现了食物，就会把自己的脸蛋塞得满满的，然后带回洞里，精心保存起来。所以在严酷的自然条件下，为了活下去，它们那肥嘟嘟的脸蛋起着十分重要的作用。

动物名片

黄金仓鼠

【分类】哺乳纲

【分布】叙利亚和土耳其附近的沙漠和干燥地带

【大小】体长 13～18 厘米

学习手册（B5）的高度 25.7 厘米

把嘴巴塞得满
满的呢！

辛酸指数

兔子

粪便是营养剂

兔子会拉两种不同的粪便。一种是硬便，硬硬的、圆圆的颗粒。也许大家知道的就是这种硬便了。而另一种是软便，软软的，呈胶囊状。

也许有人会说：“我从来没有见过这种软便！”的确是这样的。因为兔子会直接吃掉从肛门拉出来的软便，所以我们很少有机会看到。

软便别名盲肠便，是兔子吃下去的草在盲肠内发酵后所形成的。依靠盲肠内的细菌发酵而成的软便富含维生素、蛋白质等营养物质。兔子吃这种软便，可以补充身体必需的营养元素。听到吃粪便，也许大家都会感到十分惊讶吧！但对兔子而言，这种行为十分重要。大家如果看到兔子在吃粪便，请不要打扰它，就在一旁静静地守护它吧！

动物名片

穴兔

【分类】 哺乳纲

【分布】 欧洲和非洲等

【大小】 体长 30～50 厘米

日本小学一年级女生的
平均身高约 115 厘米

爱干净的兔子竟然直接吃从肛门拉出来的粪便……

辛酸指数

蜜袋鼯

只有雄性才会秃头

有一类动物叫作鼯（wú）鼠，但蜜袋鼯和鼯鼠是两类完全不同的动物。虽然样子看起来有些相似，但鼯鼠和松鼠同属于啮齿类，而蜜袋鼯和考拉、袋鼠一样属于有袋类。雌性蜜袋鼯的腹部中央有一个口袋，被称为“育幼袋”。它们和袋鼠一样，都在袋子里抚育宝宝。

蜜袋鼯的前额有一处明显的臭腺，那里会散发出臭味。在族群里担任头领的雄性蜜袋鼯发育成熟后，会不断地用脑袋去蹭同伴或伴侣，使对方沾上自己的气味，并以此来确认关系。

经过反复多次的摩擦，雄性蜜袋鼯头部的毛发就会变得稀疏，尤其是头顶部分，会出现秃顶的情况。这看起来虽然有些辛酸，不过拥有相同的气味无疑就是同伴最好的证明。

动物名片

蜜袋鼯

【分类】哺乳纲

【分布】新几内亚岛和澳大利亚北部等地的森林

【大小】体长 16 ~ 21 厘米

学习手册（B5）的高度 25.7 厘米

你要弄到什么时候呀！摩擦来摩擦去，你都快秃顶了！
秃顶是关系好的证明。
磨一磨来蹭一蹭。

辛酸指数

豚鼠

雄豚鼠的粪便是香蕉形，而雌豚鼠的粪便是小香肠形

豚鼠会发出咯咯咯的叫声，真是太可爱了！在不同的情况下，还会发出咕噜咕噜、咕咕咕等不同的叫声，这是它们在和同伴们打招呼，进行交流呢！

那么我们该怎样来区分豚鼠的性别呢？其实单从外表上来看是很难区分的，那么有没有简单实用的方法呢？

答案就是粪便。由于雌雄豚鼠在身体构造上存在着一些差异，所以粪便的形状相应地也有所不同。雄豚鼠的粪便是香蕉形的，因为雄豚鼠的生殖孔是圆形的，所以它的粪便软软的、弯弯的。而雌豚鼠的生殖孔是倒 Y 形的，所以它的粪便是小香肠形的。如果大家有机会看到豚鼠，可以仔细观察一下它们的粪便形状呢！

动物名片

豚鼠

【分类】 哺乳纲

【分布】 秘鲁南部、玻利维亚南部以及智利北部的旷野地带

【大小】 体高约 13 厘米，体长 20～25 厘米

日本小学一年级女生的平均身高约 115 厘米

我们的性别可以通过粪便来区分哟!
雄性的粪便
雌性的粪便

辛酸指数

聊狐

耳朵太大，有时会卡在洞穴里

聊（guō）狐是生活在炎热干燥的沙漠地带的狐狸。大大的耳朵有助于身体进行散热和降温。

野生聊狐主要栖息在沙漠地带的洞穴里或者岩石之间的狭窄缝隙中。到了傍晚，天气变凉，它们就开始出来活动，而白天为了避暑，它们基本上都躲在洞穴里。

它们的洞穴不大，一般只能容纳一只聊狐，等到宝宝出生之后，空间就会变得不足。因为空间越来越挤，所以它们只能折起引以为傲的大耳朵，否则就进不去。

刚出生的聊狐宝宝，耳朵非常小，随着长大，耳朵也渐渐变大。在宝宝们自立门户之前，一家人只能挤在一起生活啦！真辛酸啊！

动物名片

聊狐

【分类】哺乳纲

【分布】北非等地的沙漠地带和干燥地带

【大小】体高约 20 厘米，体长 30 ~ 41 厘米

日本小学一年级女生的平均身高约 115 厘米

太挤了，真的太挤了！
妈妈，没事吧？

辛酸指数 💧💧💧

花栗鼠

逃跑路线呈之字形，偶尔会被车撞到

花栗鼠是花栗鼠属物种的通称，这一家族共有 25 个成员，它从背部到尾巴都有条纹状的花纹，这些条纹图案是保护色，可以用来吓退天敌，保护自己。

它们的天敌有很多，如蛇、狐狸等。在地上发现天敌时，花栗鼠就会呈之字形地全力奔跑，直到爬到树上，确保安全为止。它们行动迅捷，忽左忽右，这样容易扰乱天敌的进攻。

但是这种之字形的逃跑方法有时却会带来悲惨的结局，有些花栗鼠会因此而丧命。

跑到公路上的花栗鼠，一旦发现快速行驶的汽车就会马上进入警戒状态。但是如果汽车就在跟前，而花栗鼠在逃跑时又不断改变方向的话，就容易造成交通事故，这样的惨剧时有发生。真心希望它们在逃跑之前，能够好好确认一下周边的状况！

动物名片

花栗鼠

【分类】 哺乳纲

【分布】 主要在北美洲和亚洲东部森林地区

【大小】 体长 11～15 厘米

学习手册（B5）
的高度 25.7 厘米

嗒嗒嗒……
嗒嗒嗒……

辛酸指数

考拉

吃了桉树叶，基本上就是在睡觉

考拉（树袋熊）爱吃桉树叶，而桉树叶是有毒的，一般不能食用。考拉可以通过消化系统来慢慢地分解毒素，再加上桉树叶所含的营养物质较少，所以它们基本上一整天都在睡觉。

那么，它们为什么吃了有毒的桉树叶却安然无恙呢？研究表明，考拉宝宝通过吃妈妈的粪便，吸收了妈妈肠道内的细菌，而这种肠道细菌能够分解桉树叶的毒素。

不过根据最新的研究[①]，科学家发现了一个更为惊人的事实：考拉根据桉树叶的苦味程度，能够选择毒性较低的叶子来食用。所以说，它们进食时并不是毫无选择的，它们可以通过遗传基因天然地来选择可供食用的、毒性低的食物。

---

① 即京都大学等国际合作研究团队发表在英国学术杂志《自然遗传学·电子版》上的论文。

动物名片

树袋熊

【分类】哺乳纲

【分布】澳大利亚北部到东部的桉树林

【大小】体高 25～30 厘米，体长 60～85 厘米

日本小学一年级女生的平均身高约115厘米

呼噜噜!
呼噜噜!
睡姿各不相同。

辛酸指数

毛吻袋熊

吃下去的食物需要花 2 周时间来消化

毛吻袋熊和考拉、袋鼠一样，都属于有袋类动物，主要生活在澳大利亚，与人类关系十分密切。

毛吻袋熊消化食物需要花费 2 周时间。我们人类从进食到排泄，一般需要 24~48 小时。而毛吻袋熊竟然要花费如此长的时间消化，真是令人感到十分惊讶。关于原因，有各种各样的说法，主流观点认为在食物稀缺的干燥地带，毛吻袋熊为了生存，进化出了能够充分吸收营养成分的身体构造。

毛吻袋熊的粪便是四方形的。很多学者调查后认为这与它们消化不良有关系，但是还存在着很多疑点。还有一种观点认为这与毛吻袋熊摄入的水分较少相关，仔细想想也是，在动物园里的毛吻袋熊，由于饮用水充足，它们的粪便一般不是四方形的。

动物名片

毛吻袋熊

【分类】哺乳纲

【分布】澳大利亚昆士兰州中部

【大小】体高约 36 厘米，体长 102 ~ 107 厘米

日本小学一年级女生的平均身高约 115 厘米

慢慢消化吧!

辛酸指数

沙猫

手掌和脚掌的毛很浓密

沙猫外表看起来十分可爱，被称为沙漠天使，但令人意想不到的是，它们的手掌和脚掌的毛非常浓密，甚至脚趾之间都长着长长的毛。为什么沙猫的毛会如此浓密呢？这是因为沙漠里的沙子非常热，为了避免烫伤，它们就用浓密的毛来保护脚底。同时为了防止沙子嵌进脚掌的肉球中间，浓密的毛发起到了缓冲的作用。

沙猫和猫是近亲。不过，和猫相比，大家不觉得沙猫的耳朵更大一些吗？这其实符合前面介绍过的艾伦法则，生活在炎热地带的沙猫，之所以耳朵比较大，是因为这样更有利于散热。而且沙猫的耳朵里面也有浓密的毛，这可以防止沙漠里的细沙进入耳朵。

动物名片

沙猫

【分类】哺乳纲

【分布】非洲北部和西亚的沙漠、山地地带

【大小】体高 24~25 厘米，体长 40 ~ 57 厘米

日本小学一年级女生的
平均身高约 115 厘米

不准看我的手掌和脚掌!

辛酸指数

刺猬

尖锐的刺原来是毛？！

在日本，刺猬作为一种宠物，很受大家的喜爱。但是在英国，由于野生的刺猬经常潜藏在篱笆墙下，它们的英文名为“Hedgehog”，意思是篱笆墙边的猪。可以说，它们与人类的关系十分密切。

刺猬的背部长着密密麻麻的刺，而我们认为的这种刺，其实是变硬了的毛。刺猬体形很小，逃跑速度又慢，为了自卫，就只能选择竖起硬刺，并缩成一团。当天敌来袭时，它们只需缩成一团，当对方碰到硬刺，感到疼痛难忍，就只能放弃并逃走。

刚出生的刺猬并没有硬刺，浑身光溜溜的。出生后不到一个小时，就开始慢慢地长出软刺，随着长大，刺就会变得越来越硬。

动物名片

四趾刺猬（西非刺猬）

【分类】哺乳纲

【分布】非洲中部的稀树草原

【大小】体高约 11 厘米，体长约 11 厘米

日本小学一年级女生的
平均身高约 115 厘米

这些刺都是毛呢!
你有没有感到很意外?

辛酸指数

雪貂

可怜的雪貂，是“小偷臭鼬”

宠物雪貂是林鼬的人工驯化品种。它的拉丁学名是*Mustela putorius furo*，其含义非常不好。

让我们按顺序来看一下它的拉丁学名。首先“Mustela”是“鼬”的意思，嗯，这倒不算坏。接下来的“putorius”的意思是“恶臭”，而“furo”的意思是“小偷”，所以直译过来意思就是“小偷臭鼬”，可真是不好听！也许是因为它们经常潜入养鸡场和牧场干坏事，给人类留下坏印象的缘故吧。只能说它们真的好可怜！它们之所以有恶臭，是因为它们身上有臭腺的缘故！你们会好奇那是什么味道吗？一定要说的话，就像是臭鸡蛋的味道。

动物名片

林鼬

【分类】哺乳纲

【分布】欧洲西部和非洲北部

【大小】体长 33 ~ 41 厘米

日本小学一年级女生的
平均身高约 115 厘米

喂喂，我说，你们这么叫我
是不是太过分了？

专栏

发现了可爱的小动物们！

小动物们的照片俱乐部

这些惹人怜爱的小动物，外表看起来实在是太可爱了！
下面来介绍一下比较小的兔子吧。

穴兔驯化种

分类：　哺乳纲
分布：　各地均有饲养
大小：　体长 23～30 厘米

小知识

家兔由穴兔驯化而来。经过培育，出现了很多可爱、迷你的品种。

第 二 章

个头虽小，却很“彪悍”的小动物

它们外表看起来非常可爱，
人们以为它们在生活中也一定很可爱、很梦幻，却没想到它们也拥有“彪悍”的一面。
“不要因为我们个头小，就觉得好欺负哟！”我们仿佛听到了它们的警告。

辛酸指数 💧💧💧

猫鼬

吃起蝎子来面不改色

猫鼬也叫细尾獴（měng）或灰沼狸。它们白天出来活动，晚上回到洞穴里睡觉，和人类的作息规律大致相同。

猫鼬是杂食动物，什么都吃，植物、水果、昆虫等都是它们的食物，它们最喜欢的食物是蝎子。它们攻击有毒的蝎子，然后面不改色地大口吞食。我们会担心“一旦被蝎子的毒刺蜇到的话，它不就死了吗？”。但是它们自身具有抗毒性，只是在被蜇到的瞬间，会感到疼痛而已。

猫鼬妈妈会教宝宝们如何吃蝎子。刚开始的时候是死蝎子，接着是没有毒刺的活蝎子，最后才是捕猎带毒刺的活蝎子，宝宝们在不断的失败中累积经验，然后成长起来。

动物名片

细尾獴

【分类】哺乳纲

【分布】非洲南部的沙漠地带

【大小】体长 25～35 厘米

日本小学一年级女生的
平均身高约 115 厘米

应该说蝎子才是我们的主食呢!

辛酸指数

草原犬鼠

外表可爱，竟然活埋敌人

草原犬鼠俗称土拨鼠。它们的名字中虽然有个“犬”字，但它们和松鼠是同类。当天敌靠近时，它们会发出与狗叫声相近的声音，所以就有了草原犬鼠的叫法。

它们是群居动物，居住在“空调洞”里，洞穴里有“卧室”“厕所”，还有天敌来袭时的藏身之处、“宝宝房”等，各部分功能区分明确。它们的关系十分亲密，经常互相梳理毛发，家人之间碰碰鼻子，亲亲脸颊，互动非常频繁。

草原犬鼠十分重视同伴关系，因此领地意识也非常强烈。听说它们有时会用沙土活埋同类……我们以为被活埋的一方肯定很痛苦，但实际上成年的草原犬鼠会四处挖洞，顺利逃脱。

动物名片

黑尾草原犬鼠

【分类】 哺乳纲

【分布】 加拿大、美国、墨西哥北部等地草原地带

【大小】 体长 28 ~ 35 厘米

日本小学一年级女生的平均身高约 115 厘米

我要埋了你!
随便你埋，我一点儿都不怕!

辛酸指数

冰海天使

进食方法非常残暴

冰海天使又叫“冰海精灵”，中文正式名称叫裸海蝶，其实它们是一种浮游动物，刚出生时带着壳。随着长大，壳逐渐退化，体形变得适合在水中遨游，像翅膀一样的部分被称为“翼足”。

它们形象可爱，很受人们的喜爱，但是它们进食的方式却给人带来强烈的冲击。当它们发现捕猎对象——浮游性小卷贝时，它们头部类似触角的部分会突然爆裂开，从体内迅速伸出触手来，将贝类扯入体内，美餐一顿，这种触手叫“口锥”。我们还以为它们只会优雅地吃些浮游植物，哪料到竟然是真正的肉食性动物。

冰海天使形象十分可爱，而进食方法却如此残暴，令人心有余悸。此外，冰海天使没有眼睛，大家认为“口锥”就起到了眼睛的作用。

动物名片

裸海蝶

【分类】腹足纲

【分布】北极、南极等冷水海域

【大小】体长 1～3 厘米

学习手册（B5）的高度 25.7 厘米

相当于一枚1元硬币的直径。

普通模式
我是天使。
进食模式
哇哇哇——
哦哦哦——

辛酸指数

真涡虫

断裂后也不会死亡，带着记忆分裂再生

这种像蛞（kuò）蝓（yú）一样细长的动物叫作真涡虫，它和吸虫、绦虫一样都属于扁形动物。

真涡虫是种很神奇的生物，它拥有令人惊讶的再生能力。不论横切还是竖切，断裂之后仍然可以再生。不过如果乱切一通的话，它还是会死掉，所以不能说是完全的不死之身。自然界中的真涡虫变大或受到压力时，就会自行断裂，进行自我繁殖。根据美国塔夫茨大学的研究结果[1]表明：真涡虫断裂、再生，等长出新的头部之后，原有的记忆仍然保存完好。它们需要通过不断地分裂进行繁衍。大家都憧憬着能够像真涡虫一样拥有“不死之身”，但说不定它们也有着自己深深的烦恼呢！

---

① 即美国马萨诸塞州塔夫茨大学的研究者们刊登在《实验生物学杂志》（*The Journal of Experimental Biology*）的论文。

动物名片

真涡虫

【分类】涡虫纲

【分布】世界各地的沼泽、河流、河口

【大小】体长 0.5～2 厘米

学习手册（B5）的高度 25.7 厘米

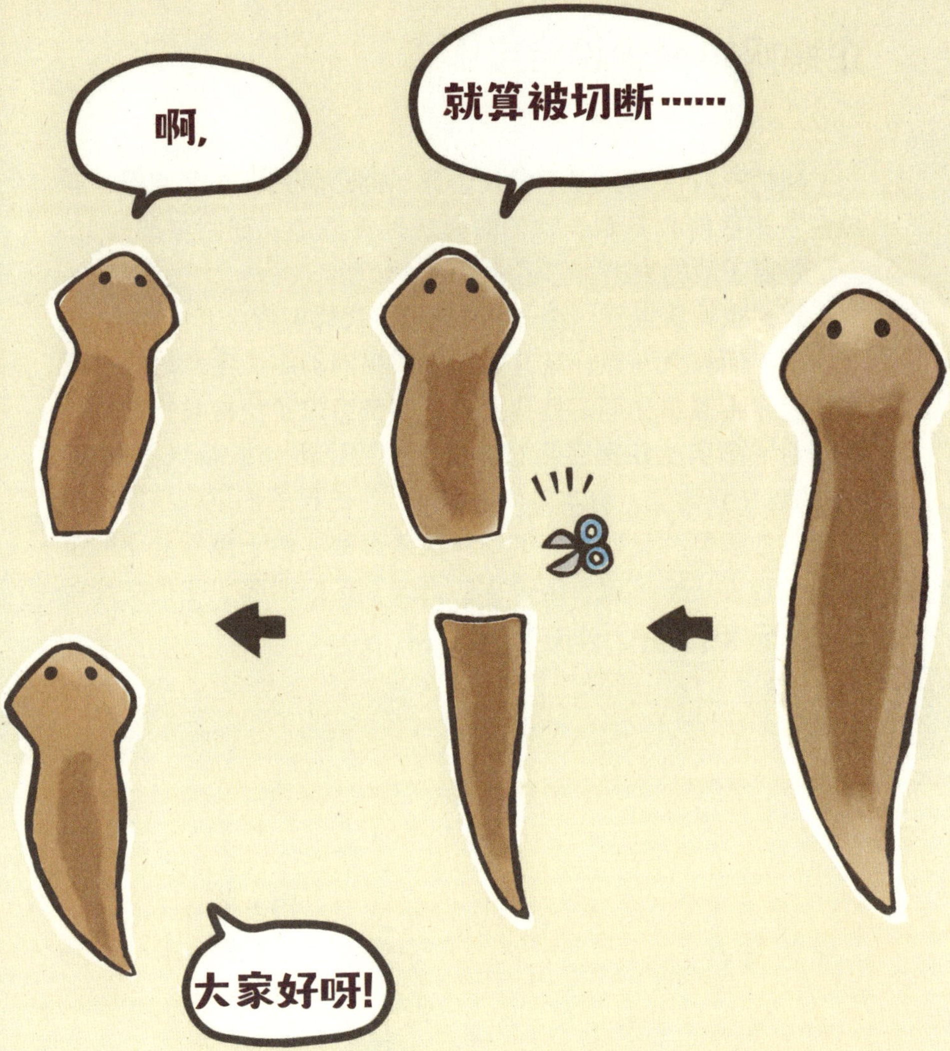
就算被切断……
啊，
大家好呀！

辛酸指数

白眉企鹅

企鹅妈妈很少给宝宝喂食

我们一般认为企鹅很擅长游泳，但白眉企鹅（又叫巴布亚企鹅）却很擅长奔跑。它们的巢穴远离海边，在回巢的路上，为了躲避天敌的攻击，它们总是健步如飞。

奔跑意味着生存。这一重要的信念代代相传。

宝宝们长大一点，就开始接受严格的训练。企鹅妈妈并不直接给宝宝喂食，而是选择跑走，而宝宝为了获得食物需要拼命追赶。事实上企鹅宝宝很难追上妈妈，因此很难获得食物。“食物就在我这里，有本事你来拿呀！”这样的追逐训练既锻炼了宝宝的双脚，又教会它们如何快速奔跑。对于饿着肚子的宝宝来说也许是个折磨，但这样的方式，正好培养了它们在严苛的自然环境中生存下去的本领。

动物名片

白眉企鹅

【分类】鸟纲

【分布】南极半岛、亚南极群岛

【大小】全长 60～80 厘米

日本小学一年级女生的平均身高约 115 厘米

对不起，宝贝，这也是爱你的方式哟！
妈妈，等等我！

辛酸指数

倭蜂猴

上臂内侧会分泌毒液

倭蜂猴（小蜂猴）动作迟缓。正因为它们动作缓慢，捕猎昆虫、小鸟等猎物时就不容易被发现。有时它们的动作太过迟缓，大家还以为就是风景中的一部分呢！

倭蜂猴有一个特殊的武器就是毒液，它体内分泌出来的毒液和唾液混合在一起，可通过舔舐毛发涂遍全身。毒液来自上臂，和汗水一样，无色透明，不过分泌液一旦接触空气就会马上氧化，腋下四周就会变成深黑色。最新的研究结果[①]表明：倭蜂猴产生的致敏物和猫的相似。对猫过敏的人，一靠近倭蜂猴，就有可能引起过敏反应。所以大家不要随便接近倭蜂猴哟！

---

① 即澳大利亚昆士兰大学的研究团队发表在学术杂志 *Toxins* 上的研究报告。

动物名片

倭蜂猴

【分类】哺乳纲

【分布】东南亚的森林地带

【大小】体长 21～29 厘米

日本小学一年级女生的
平均身高约 115 厘米

一定要注意我的上臂哟!

专栏

\ 发现了可爱的小动物们！/

小动物们的照片俱乐部

侏狨（róng）是世界上最小的猴子之一，体重大概只相当于一个橘子的重量。它个头非常小，很容易被误以为是个毛绒玩具。

小知识

侏狨是灵长目狨科的动物。它们扒开树干，以流出来的树液为主食。

第三章

竭尽全力顽强生存的小动物

这些小动物尽管个头小，但仍然竭尽全力，过好每一天。

它们顽强生存，让我们来看一看它们那神奇的行为吧！

辛酸指数

犬羚

公犬羚发怒的时候，发型就会变成飞机头

犬羚是羚羊的一种。当天敌来袭时，它们的逃跑线路呈之字形。因为它们会发出嘀嘀的叫声，所以英文名叫“Dik-dik”。

犬羚感到紧张时，头顶的毛发就会竖起来，以此来警告或威吓对方，不过只有公犬羚才会这样做，因为它们要与其他公犬羚争夺母犬羚。随着肾上腺素的上升，它们的肌肉会收缩，毛发也会竖起来，发型看起来就像飞机头，看来是要动真格的了。

汉语中有“怒发冲冠”一词，听说大猩猩发怒时，全身毛发也会竖起来。看来，动物在发怒时都差不多呢！

动物名片

柯氏犬羚

【分类】哺乳纲

【分布】非洲东部等地的稀树草原

【大小】体高 35 ~ 45 厘米，体长 50 ~ 70 厘米

尽管放马过来!
来干一仗?

辛酸指数

银喉长尾山雀

实在是太小了，有时甚至会输给螳螂

银喉长尾山雀在野鸟界是偶像一般的存在，被称为“雪之妖精”，它们小巧可爱，羽毛蓬松。

它们那细细的脚可以倒挂在树枝上，长长的尾巴起到平衡的作用。它们是杂食性动物，以小蜘蛛等昆虫和果实为主要食物。喝树液时，和蜂鸟一样也采用悬停方式。

银喉长尾山雀的天敌有很多，如蛇、乌鸦、臭鼬等，有时甚至会遭到螳螂的攻击。螳螂捕食小鸟的事情时有发生。虽然它们也会威吓螳螂，但最终只能选择逃走。弱小的鸟儿，真是太可怜了！尽管如此，它们还是在顽强地活下去呢！

动物名片

银喉长尾山雀

【分类】 鸟纲

【分布】 北欧、东北欧、日本北海道、中国等地

【大小】 从地面算起高约 6 厘米，全长 10～14 厘米

学习手册（B5）的高度 25.7 厘米

绝对不能输!
“战斗!”

辛酸指数 💧💧💧

瑞氏黄鼠

发怒的时候会使劲摇尾巴

瑞氏黄鼠（也叫理查森地松鼠、摇尾鼠）外表看起来与草原犬鼠相似，但是相比较而言，瑞氏黄鼠的尾巴更蓬松一些。它们过着群居生活，以植物的根、叶和果实等为食物，主要分布在加拿大和美国的草原上。

它们的领地意识十分强，当天敌来袭时，就会使劲摇尾巴。这一动作看起来十分可爱，但这是在警告和威吓敌人。松鼠科的动物一旦进入紧张状态就会摇尾巴，通过摇尾这一行为来舒缓紧张的情绪。在我们看来，这种行为十分可爱，完全看不出它们其实在生气。

在美国的北达科他州经常可以见到这种动物，因此该州的别名为“摇尾州”。

动物名片

瑞氏黄鼠

【分类】 哺乳纲

【分布】 北美中部、北部靠近河流的草原

【大小】 体长约 21 厘米

日本小学一年级女生的平均身高约 115 厘米

我！可是在生气呢！

辛酸指数

水豚

身上有一个“穴位”，按下去就会变得昏昏欲睡

水豚是群居动物，栖息于沼泽和河流附近。它们几乎一整天都在水里度过，如果长时间不在水里，皮肤就会皲裂，真是可怜。水豚的字面意思是“生活在水里的小猪”，但它其实和老鼠一样是啮齿类动物。

如果大家去动物园有机会接触到水豚的话，一定要仔细观察它尾巴的部分哟。严格说来，水豚的尾巴已经退化，不复存在了，所以所谓的尾巴其实就是那小小的凸起部分而已。按压“尾巴”，水豚就会变得昏昏欲睡。

因为按压“尾巴”实在是太舒服了，它们有时会舒服得竖起毛发，然后在地上打滚。我们摸猫的下巴，猫也会做出相同的反应。那么为什么按压“尾巴”，水豚就会感到很舒服呢？这答案恐怕只有水豚自己才知道啦。

动物名片

水豚

【分类】 哺乳纲

【分布】 南美洲河流附近的草原和湿地

【大小】 体高 50 ~ 62 厘米，体长 110 ~ 130 厘米

日本小学一年级女生的平均身高约 115 厘米

啊……算了，算了。
睡吧！睡吧！睡吧！

辛酸指数

乌龟

想大声喊叫，却一辈子都发不出声来

一个令人惊讶的事实是：乌龟等大多数爬行类都没有声带，所以它们无法发声。实际上能用声带发声的只有包括我们人类在内的多数哺乳动物而已。

鸟类不是通过声带，而是通过“鸣管”这一发声器官发声的。而青蛙等两栖类则是通过“鸣囊”这一软膜发出呱呱呱的声音的。而生活在水中的鱼类，就更少发出声音了。

因为生物需要在空气中进行交流，所以才有了“声音”这一媒介。“声音”可以说是动物从水中进化到陆地后的产物吧！

没有声带的爬行类，主要通过气味和视觉进行交流。乌龟虽然有时候也会发出咻的声音，但这只不过是从喉部发出的威吓声而已，它们只有在感到紧张或兴奋的时候才会发出这样的声音。

动物名片

密西西比红耳龟

【分类】爬行纲

【分布】北美南部的一些河流

【大小】从地面算起高 5 ~ 6 厘米，龟甲长 10~12 厘米

日本小学一年级女生的平均身高约 115 厘米

辛酸指数 💧💧💧

蜜蜂

一辈子只能收集到一小勺蜂蜜

蜜蜂可以说是世界上最可怜的动物了，因为不管如何辛勤工作，它们一辈子充其量只能采到一小勺蜂蜜而已。它们是群居动物，内部分工明确，有负责产卵的蜂王，有负责繁殖后代的雄蜂等。

负责采蜜的工蜂寿命最多只有数月，在这几个月里，它们的工作不断变化，它们先负责的是清扫、育儿、筑巢和看门等工作，最后的任务是采蜜。采蜜的时间最多只有几星期，因此它们一辈子能够采到的蜂蜜充其量不过只有一小勺而已。它们辛劳的一生看起来十分悲惨，但蜜蜂凭借着庞大的种群数量、精确的分工合作而繁衍不息。“一群蜜蜂团结一心”，它们正是凭借着“一心为公”的团队协作精神，才在严苛的大自然中存活了下来。

动物名片

蜜蜂

【分类】 昆虫纲

【分布】 全球

【大小】 体长 0.5 ~ 1.5 厘米

相当于一个指甲盖的长度。

学习手册（B5）的高度 25.7 厘米

只有一小勺
而已……
即便如此，也要
辛勤工作！

辛酸指数

象鼩

在自己修的路上过一辈子

象鼩（qú）长得虽然像老鼠，但并不属于啮齿类动物。它们栖息在干燥地带，是昼行性动物，用长长的鼻子捕食虫子等食物。

象鼩会在草原上修筑自己专用的复杂道路，并在上面活动。它们会扒开、搬走枯草，移开挡路的小石头。如果其他动物弄脏了道路，它们马上就会清理干净。这条道路是天敌来袭时的救命之路，它们一旦发现危险，就会立刻沿着这条道路逃生。也就是说，它们绝对不走其他道路。为了安全，它们一辈子都安居在这条道路上。

动物名片

象鼩

【分类】哺乳纲

【分布】非洲南部的稀树草原

【大小】体高约 6 厘米，体长 9～13 厘米

学习手册（B5）的高度 25.7 厘米

嗒嗒嗒
真好！今天也没有
异常情况！

专栏

\ 发现了可爱的小动物们! /

小动物们的照片俱乐部

黑足猫全身豹纹，就像名字里说的那样，它们的脚掌是黑色的。它们个头虽小，但却是有名的沙漠猎手。

黑足猫

分类：哺乳纲

分布：南非、博茨瓦纳、纳米比亚等地的沙漠和草原

大小：体长 32～52 厘米

小知识

黑足猫的猎物捕获率是 60%，这一成绩在野生猫类中名列前茅。它们长大之后也只有普通小猫的大小。真是太可爱了！

第四章

小动物有趣的生活方式

这章我们将介绍小动物有趣的生活状况，并探究它们的生活方式为什么是这样的呢。

这些令人感到不可思议的生活方式，其实大都是进化的结果。

辛酸指数

粉红犰狳

当天敌来袭时，会挖洞藏身，用屁股堵住洞口

粉红犰（qiú）狳（yú）也叫粉精灵犰狳。它看上去就像寿司一样，惹人怜爱。粉红色其实是骨甲壳下的血管呈现的颜色。

粉红犰狳一旦发现敌人，就会马上挖洞藏起来，并用屁股封住洞口。真是“藏头不藏尾”呀！

许多与粉红犰狳同一目的动物在进化过程中，体形变得越来越大。如已经灭绝了的雕齿兽、星尾兽便是代表性的动物。当这些动物遍布南美洲时，像粉红犰狳这样的小型动物迎来了生存的良机。在热带地区，即使是个头很小的动物，也很容易保持体温。而且它们只需要少量的食物就能满足自身的需要，藏身之处又不少，也不容易成为大型捕食者的目标（它们作为猎物实在是太小了）。弱小反而成了它们生存下去的有利因素。

动物名片

粉红犰狳

【分类】哺乳纲

【分布】阿根廷的沙地和草原

【大小】体高约5厘米，体长9～12厘米

学习手册（B5）的高度25.7厘米

敌人来了！快跑！
快跑！
啵！

辛酸指数

袋獾

有时会在猎物尸体旁睡着

2008 年，袋獾被列入濒危物种名单。野生袋獾在澳大利亚早已经灭绝，不过之前有消息说：时隔 3000 年，澳大利亚自然繁殖袋獾成功了，现在大家都非常期待能够再次看到野生的袋獾。

袋獾是夜行性动物，到了夜晚便出来寻找食物，移动距离有时候会多达几十千米。它们寻找的竟然是死去的动物，虽然有时候也会狩猎，但很难成功，因此它们的主食基本上就是死去的动物。

有时候，它们会在猎物尸体旁睡着，看着可真够凄惨的。这也证明了它们毫无戒心。像它们这种比较 " 原始 " 的哺乳动物有时反应比较迟钝，会在行动过程中突然睡着，这导致它们会因为无法抵抗突然的降温而死亡。

动物名片

袋獾

【分类】 哺乳纲

【分布】 塔斯马尼亚岛

【大小】 体高约 35 厘米，体长 51 ~ 80 厘米

日本小学一年级女生的平均身高约 115 厘米

这样一来，都分不清到底哪个死了呢！
呼——

辛酸指数

灰椋鸟

洗澡用的不是水，而是蚂蚁

大家每天都会泡澡吗？有人每天都泡澡，也有人只是淋浴。和我们人类不同，灰椋（liáng）鸟淋浴的方法有点奇特，它们会在全身涂满蚂蚁，洗的是“蚂蚁浴”。

为什么灰椋鸟会有这样的行为呢？目前这还是个谜。关于原因有各种说法，有说法认为蚂蚁分泌的蚁酸具有驱赶寄生虫的作用，相当于杀虫剂；也有说法认为它们通过“蚂蚁浴”来清洁羽毛。除了灰椋鸟之外，乌鸦也会进行“蚂蚁浴”。

“蚂蚁浴”对于灰椋鸟而言具有十分重要的意义，但是对蚂蚁来说却是个天大的麻烦。

动物名片

灰椋鸟

【分类】鸟纲

【分布】主要在欧亚大陆的低地平原和低山

【大小】从地面算起高约 10 厘米，全长 18~24 厘米

日本小学一年级女生的平均身高约 115 厘米

来洗个蚂蚁浴！
哇——
真干净……

辛酸指数

圆球股窗蟹

吃完东西后，会产生大量的小沙丸

如果我们在海滩上发现有很多小沙丸的话，那么那里就可能有圆球股窗蟹。它们每次吃完东西，总会留下很多小沙丸。

我们先来说一下圆球股窗蟹的进食方式吧！首先，它们会用蟹螯挖取泥沙送入口中，然后用嘴边的细毛过滤出可当成食物的营养物质，而剩下的泥沙呈丸状滚动着从嘴上方吐出，再由蟹螯取下！如此反复。等到它们吃饱时，小沙丸的数量已经变得很多，遍布在海滩上，足够开一个小沙丸子铺了。

由于它们吃东西的样子就像是在舂米，所以在日本又被叫作“舂米蟹”。

动物名片

圆球股窗蟹

【分类】 甲壳纲

【分布】 中国、日本等内海滩涂和沙子下面

【大小】 从地面算起高约 1 厘米，壳宽约 1 厘米

学习手册（B5）的高度 25.7 厘米

又做了些没用的丸子……

辛酸指数

鸮鹦鹉

因为气味特别严重，即使躲起来，藏身之处也会马上暴露

鸮（xiāo）鹦鹉是罕见的不会飞的鹦鹉。作为鸟类却不会飞，这是为什么呢？原来鸮鹦鹉在地面没有天敌，不需要掌握会飞的本领，因此它们的生活空间也从空中转移到了地面。但是近些年由于人类活动带来了老鼠、鼬等捕食者，它们濒临灭绝。

此外，我们在鸮鹦鹉身上还发现了另外一个非常悲惨的事实：它们身上会散发一种气味，有人闻起来觉得臭，有人闻着像果香。由于这种气味太过强烈，即使它们躲起来，天敌也会轻而易举地找到它们的藏身之处。当地的一位研究者把这种气味形容为“发霉的小提琴盒”，不知道这到底是种怎样的味道呢？

动物名片

鸮鹦鹉

【分类】鸟纲

【分布】新西兰的森林以及林中草地

【大小】从地面算起高约 30 厘米，全长 55～64 厘米

日本小学一年级女生的平均身高约 115 厘米

“发霉的小提琴盒”
臭不可当!

辛酸指数

环尾狐猴

每天早上，大家聚在一起开奇怪的会议？

环尾狐猴因为尾巴看上去好像套着圈圈，所以由此得名。它们是群居动物，由实力最强的母狐猴领导狐猴群。

研究表明：在狐猴群中，为了能够和大家和睦相处，越是弱小的公狐猴越会讨好大家，它们特别爱聊天，总爱发出献媚般的叫声，还经常撒娇，以示亲密。看来环尾狐猴的“社会”也不轻松啊！

环尾狐猴每天早上一定会举行奇怪的会议。大家聚在一起，朝着太阳伸开手脚，仿佛拜神一样。

动物名片

环尾狐猴

【分类】 哺乳纲

【分布】 非洲马达加斯加岛的西南部森林中

【大小】 体长 30 ~ 45 厘米

日本小学一年级女生的
平均身高约 115 厘米

神灵啊！

辛酸指数

鸭子

不睁着一只眼睛的话，就会害怕地睡不着觉

一边眨眼睛一边睡觉，也就是说，睡觉时睁着一只眼睛，这种行为不仅仅鸭子有，还有许多动物，如信天翁、鲸、海豚等也都有这样的习惯。

睡着时，任何一种动物都处于毫无防备的状态，所以睡着时更容易受到天敌的攻击。因此，鸭子等动物进化出了一侧大脑休息，而另一侧大脑保持清醒的能力。科学家将这种现象叫作“单半球睡眠”。看起来只是睁着一只眼睛，其实这是它们为了生存而进化出来的结果。

单半球睡眠的原理目前还不是十分清楚。此外，有些动物采用单半球睡眠，而有些动物则不采用这种睡眠方式，其中的理由也还没有弄明白。但是有些动物，如果是野生的话，仍然采用单半球睡眠，而一旦被人类豢养之后，由于戒备心下降，就能够进入深睡眠状态了。真好呀！

动物名片

鸭子

【分类】 鸟纲

【分布】 全世界广泛饲养

【大小】 从地面算起高约 35 厘米，全长 47～62 厘米

日本小学一年级女生的
平均身高约 115 厘米

另外一侧很清醒呢！
呼噜噜——

辛酸指数

八齿鼠

如果放任牙齿自然生长的话，就会越来越长，从而导致合不拢嘴

八齿鼠四肢发达，适合生活在高海拔的山地，和其他的啮齿类动物相比，它们的听力和视力都更加突出。它们的记忆力也很不错，在饲养状态下，据说可以记住一些简单的东西。

八齿鼠所属的啮齿类动物具有常生齿，放任不管的话，将会越来越长。

大家也许认为“这种牙齿，真是太麻烦了”！但是对于经常需要啃咬硬东西的啮齿类动物而言，常生齿其实是很重要的。牙齿即使折断、磨损还是会再长出来。野生的八齿鼠，因为要吃植物的种子、根等需要啃咬的食物，所以牙齿每天都有所磨损。将其作为宠物饲养时一定要注意这一点：如果一味地用富含营养的东西喂养的话，它们的牙齿就会一个劲地疯长，进而导致合不拢嘴。

动物名片

八齿鼠

【分类】哺乳纲

【分布】智利北部到中部，安第斯山脉的干燥地带

【大小】体长 25～31 厘米

日本小学一年级女生的平均身高约 115 厘米

咔嚓咔嚓……
定期保养不可缺少。
咔嚓咔嚓……

辛酸指数

睡鼠

一年之中约有八九个月都在睡觉

睡鼠有很多种，我们这里介绍的是欧洲常见的体形较大的睡鼠，即便如此，它们的体长也不过 17 厘米左右。

睡鼠是一种经常睡觉的动物，有报告说它们还会打呼噜。虽然根据栖息地的不同有所差异，但它们基本上从 10 月到次年的 5 月都处于冬眠状态，还有报告说它们 1 年之中有 11 个月都在睡觉的。这也太能睡了吧！

不过，正是这种生活方式使得它们已经被列入濒危物种名单。此外，它们用来筑巢的树木不断遭到人类的乱砍滥伐，这导致它们安全的生活空间也越来越少。真心希望它们能够早日恢复安然入睡的生活！

动物名片

睡鼠

【分类】哺乳纲

【分布】英国和欧洲中部的森林

【大小】体长 13～19 厘米

学习手册（B5）的高度 25.7 厘米

睡太多了呀！
不过，还是很困！

辛酸指数

吸蜜蜂鸟

实在是太小了，每晚都要“冬眠”

动物在冬季长时间休眠的状态被称为冬眠，而吸蜜蜂鸟每晚都要进入“冬眠”状态。它们的这种休眠状态和睡鼠一样。它们不筑巢，就只是在树上睡觉而已。鸟类筑巢一般只限于产卵期。

一般来说，动物睡觉时体温就会下降，最明显的就是吸蜜蜂鸟了。它们的体温白天高达 42 摄氏度，而到了夜晚睡觉时，体温就会急剧下降到 9 摄氏度。有报告指出：它们的心跳次数也会同时减少。就比如蓝喉蜂鸟平时每分钟的心跳次数是 1260 下，而到了睡觉时竟然减少到 50～80 下。它们为了减少身体耗能，每晚都会进行“迷你冬眠”。它们自己倒不见得就一定认为“必须得减少消耗”，但是对动物而言，减少消耗是最基本的，无法减少耗能的个体更容易死亡，而能够减少耗能的个体则更容易存活下去。

动物名片

吸蜜蜂鸟

【分类】 鸟纲

【分布】 古巴的森林

【大小】 全长约 5 厘米

学习手册（B5）的高度 25.7 厘米

保存体力中……

专栏

\ 发现了可爱的小动物们! /

小动物们的照片俱乐部

鼷（xī）鹿有着胖墩墩的身体，树枝般的纤纤细脚。
自远古以来，它们的体形一直都没有什么变化。

小知识

鼷鹿没有鹿角，行动也不太迅捷。2019 年人们在越南发现了认为已经灭绝 30 年之久的一种鼷鹿。

鼷鹿

分类： 哺乳纲
分布： 东南亚的森林
大小： 体长约 50 厘米

第 五 章

不起眼，但努力生活的小动物

很可爱！令人开怀大笑！接下来介绍这些小动物的一些趣事吧！

它们身上闪烁着智慧和勤劳的光芒，让我们一起去看一看吧！

兔狲

有时候会伏卧在地上捕捉猎物

兔狲的眼神有些凶狠，而脸蛋却很可爱。它们拥有蓬松的、长长的毛发，适合在寒冷的地方生活，不过兔狲毛茸茸的样子，只有在冬天才能看到，到了夏天，它们的身材就会变苗条许多。

兔狲的主要食物是老鼠等小动物，它们会放松全身，身体像一摊泥浆，伏卧在地上捕捉猎物。

先来说说它们的耳朵吧。家猫的耳朵一般是长在头顶的，而兔狲的耳朵却长在脑袋的两侧，一点儿都不显眼，因此狩猎时，猎物就没那么容易发现它们。接下来说说眼睛。兔狲眼睛的位置一般都比较高，所以它们伏卧在地上伺机捕猎时，可以眼观六路，很好地观察到周围的情况。它们那与众不同的耳朵和眼睛都是为了配合伏卧捕猎而进化出来的产物。

动物名片

兔狲

【分类】哺乳纲

【分布】中国、伊朗、阿富汗等地

【大小】体高约 25 厘米，体长 50 ~ 65 厘米

日本小学一年级女生的平均身高约 115 厘米

就是你，没错！
我等的就是你！

辛酸指数

臭鼬

屁越臭越受欢迎？

臭鼬给人最深的印象就是它的臭屁。严格来说，臭的并不是屁，而是尾巴下面肛门附近喷射出来的分泌液。

当它们感觉到危险临近或想要击退天敌时，它们就会喷射出分泌液，射程竟然可以达到 3 米多。这种分泌液一旦沾上就很难清除，十分麻烦。

人类如果身上有臭味或者不干净的话，就很难获得别人的喜欢。但臭鼬却完全不同，因为味道越臭，就表明避开天敌的遗传基因越强大。

臭鼬的这种味道，一般人闻起来难以忍受，但这也是相对而言的。请不要忘记觉不觉得臭也是因人而异的。大家不妨去闻一下，说不定不觉得臭呢！

动物名片

臭鼬

【分类】 哺乳纲

【分布】 北美的森林和耕地等

【大小】 体高约 15 厘米，体长 33 ~ 45 厘米

学习手册（B5）
的高度 25.7 厘米

臭死了！
好香……
雌臭鼬
噗噗……
雄臭鼬

辛酸指数

变色龙

口水的黏稠度是人类的 1000 倍

变色龙用舌头快速捕食。但长久以来，有一个谜团尚未解开：抓住猎物后，它们的舌头是怎样把猎物带回嘴里的呢？

2016 年，这个问题终于有了答案。研究①表明：变色龙的口水黏稠度是人类的 1000 倍，因此它们可以迅速地捕食猎物。1000 倍啊！到底是有多么黏稠啊！这完全超出了我们的想象。

稍等一下，还有个问题：捕捉到的猎物是怎样从如此黏稠的舌头上脱落下来的呢？这至今仍然是个谜。目前有各种各样的说法，有的观点认为它们会在嘴巴里分泌出另一种降低黏度的唾液；有的观点认为只能等待唾液黏稠度被自然稀释掉。

① 数据来自发表在英国科学杂志《自然 · 物理学》（*Nature Physics*）上的论文。

动物名片

高冠变色龙

【分类】 爬行纲

【分布】 阿拉伯半岛等地

【大小】 从地面算起高约 8 厘米，全长 15～25 厘米

学习手册（B5）
的高度 25.7 厘米

粘住你……
哇——

辛酸指数

鸡尾鹦鹉

“脸颊”下面是耳朵

有的鹦鹉有羽冠，有的没有。鸡尾鹦鹉有明显的羽冠。

在日本，由于它们的脸部看起来很像一张假面具，因此被叫作“面具鹦哥”。而这引人注目的“脸颊”下面藏着耳朵。拨开“脸颊”的毛发，就会发现耳洞，周围还长着保护耳朵的羽毛。

不仅仅鸡尾鹦鹉是这样，鸟类耳朵的位置大都位于眼睛的后面。实际上我们人类也是一样的。我们的耳朵因为向外突出，所以大家平时没怎么关注，但实际上从位置来讲，和鸟类是一样的。如果鸟类的耳朵也向外突出的话，飞行时受到的阻力就会增加，会很不方便。

动物名片

鸡尾鹦鹉

【分类】 鸟纲

【分布】 澳大利亚等地

【大小】 全长 30 ~ 35 厘米

日本小学一年级女生的平均身高约 115 厘米

这下面藏着
耳朵哟!

辛酸指数

鸽子

吃石子不是误食，而是特意的行为

我们在路上遇到鸽子，有时会发现它们在啄小石头，甚至还会把小石头吃下去。

鸽子有两个胃，分别是前胃和砂囊。鸽子将食物在嗉囊经过润湿和软化，再送入前胃和砂囊，小石头就在砂囊中，鸽子就利用小石头把食物磨碎。为什么会这样呢？这是因为包括鸽子在内的鸟类都没有牙齿，无法用嘴巴粉碎食物，只能等食物进入肚子之后再将其磨碎。吞下去的小石头其实就起到了牙齿的作用。

鸽子原来是吃豆子和谷物的，这些年随着它们进入人类的世界生活之后，食物结构发生了剧烈的变化，它们正努力适应着这种改变。

动物名片

原鸽

【分类】 鸟纲

【分布】 欧洲、亚洲、非洲等地

【大小】 全长约 33 厘米

日本小学一年级女生的
平均身高约 115 厘米

小石头在肚子里
咯吱咯吱。
小石头真是太
"好吃"了!

辛酸指数

鹌鹑

鹌鹑蛋的图案是鹌鹑妈妈的原创设计

超市里经常有鹌鹑蛋出售。小小的、椭圆的鹌鹑蛋味道很好，大家都非常熟悉。这种蛋当然是鹌鹑生的，而鹌鹑是雉科中体形最小的一种。

鹌鹑蛋原来是白色的，在生出来之前的 1~2 天，妈妈会在体内给蛋“印上”图案。很有意思的是，同一个鹌鹑妈妈生出来的蛋，尽管图案不完全相同，但都比较相似。鹌鹑妈妈一辈子所生的蛋，图案都基本相同。

棕褐色的迷彩图案和泥土的颜色接近，虽然不是有意而为之，但从结果上来说，这种颜色的蛋更容易被保留下来。

动物名片

鹌鹑

【分类】鸟纲

【分布】中国、朝鲜、日本等地的低地、草原和耕地

【大小】全长约 20 厘米

学习手册（B5）的高度 25.7 厘米

我说的没错吧！
马上就能知道这就是我的孩子吧！

辛酸指数

鸭嘴兽

母乳来自腹部

鸭嘴兽的样子从远古开始到现在基本没什么改变。

鸭嘴兽体现着从爬行类进化而来的哺乳动物的早期形态。它们虽然属于哺乳动物，但它们会产卵，并把卵夹在身体和尾巴之间进行孵化。

鸭嘴兽没有乳房和乳头，母乳是从妈妈腹部两侧的毛孔里一点一点地渗透出来的。宝宝们通过舔毛孔来喝母乳。

包括人类在内的大部分哺乳动物，是通过妈妈的乳头喝到奶水的，而鸭嘴兽竟然是从腹部喝奶的，真是令人大开眼界。从进化的角度看，母乳的来源是汗水。或许在远古时期，最初的哺乳动物就是喝妈妈的汗水长大的呢！“如果汗水里富含营养的话，孩子们将会长得更好”，也许哺乳动物正是有这样的想法，汗水才进化成母乳的吧！

动物名片

鸭嘴兽

【分类】哺乳纲

【分布】澳大利亚东部的河流和湖泊、沼泽

【大小】体高 15～20 厘米，体长约 38 厘米

学习手册（B5）
的高度 25.7 厘米

虽然没有乳头，
但是有奶水。
好喝！
真好喝！

辛酸指数

钝口螈

长大了的话，寿命就会缩短

本书所说的钝口螈，指的是墨西哥钝口螈的幼体。钝口螈一般以幼体的样态栖息于水中，也有极少一部分长大后到陆地上来生活。

像墨西哥钝口螈这样的情况叫作“幼态持续”。简单来说，就是指从出生到性成熟产卵为止，均为幼体形态。要使钝口螈长大，要么注射激素，要么让它适应陆地上的生活，用肺进行呼吸。但是如果钝口螈长大的话，原来 10 年的寿命就会缩短到 3~5 年，代价实在是太大了。如果是这样的话，估计钝口螈根本就不想长大吧！

动物名片

墨西哥钝口螈

【分类】 两栖纲

【分布】 墨西哥的索奇米尔科湖以及周边地区

【大小】 从地面算起高约 3 厘米，全长约 23 厘米（幼体）

学习手册（B5）的高度 25.7 厘米

一直当个小孩子多好呀!
幼体
不想……长大……
成体

辛酸指数

眼镜猴

由于个头太小，盗猎者竟然可以把它们装进口袋里带走

眼镜猴因为实在是太小了，盗猎者们经常把它们装进口袋里带走。现在眼镜猴的数量越来越少，已经被列入濒危物种名单。

它们身上有许多值得我们同情的地方，如明明长着一对大眼睛，视力却很弱；虽然脑袋可以 180 度转动，但眼珠子却无法转动；当面临压力时，它们甚至会结束自己的生命。希望它们不要给自己施加太大的压力才好……

眼镜猴的跳跃能力十分惊人，跳跃高度甚至可以达到自己身高的 25 倍。真棒！加油！眼镜猴！

动物名片

菲律宾眼镜猴

【分类】 哺乳纲

【分布】 苏门答腊南部和菲律宾群岛的森林地带

【大小】 体长约 13 厘米

学习手册（B5）的高度 25.7 厘米

我们也想和平地生活
下去啊！

辛酸指数

鸮

左右耳朵不对称

绝大多数动物的耳朵都是左右对称的，只有一部分鸮的耳朵是左右不对称的。

这样一来，我们或许会认为它们的听力会受此影响，但事实并不是这样的。根据声音到达左耳和右耳的时间差，它们可以准确地判断出与对方的距离。

它们的耳朵不仅不对称，耳洞的朝向也不一样。一只耳朵朝上，而另一只耳朵朝下，这样它们就可以立体地听到声音。好像戴了高性能的耳机一样，它们对声音非常敏锐。

倒不是说所有鸮的耳朵左右都不对称，有些鸮的耳朵是左右对称的，如雕鸮、穴鸮等。

动物名片

娇鸺鹠

【分类】 鸟纲

【分布】 美国西南部和墨西哥中部的沙漠、荒地等

【大小】 全长 12.5 ~ 14.5 厘米

学习手册（B5）
的高度 25.7 厘米

耳朵
耳朵

辛酸指数

微型猪

一辈子无法抬头仰望天空

对猪来说，鼻子是十分重要的器官，可以用来挖地洞，攻击天敌等。从脖子开始一直到尾部的背部肌肉十分发达，这是猪的生理特征。然而这给猪带来了很大的不便。由于背部肌肉太发达，导致它们无法抬起头来。啊……真是太可怜了！

世界上最小的猪“微型猪”是对 100 千克以下的“迷你猪”进行品种改良后的猪的总称。迷你猪以 100 千克为上限。虽然号称“迷你”，但在国外听说过这样的趣闻：有人买了一只迷你猪幼崽，原本打算当作宠物来饲养，结果养着养着竟然超过了 300 千克，真是够荒唐的！

动物名片

微型猪（总称）

【分类】 哺乳纲

【分布】 全世界广泛饲养

【大小】 体高约 25 厘米，体长 40~60 厘米

日本小学一年级女生的平均身高约 115 厘米

从来没有见过
太阳到底是什么颜色呢？

索引

注：本索引中的动物为正文中出现的动物，不包含序言中提到的动物。

本书中出现的动物们的大小

1~10 厘米

蜜蜂（056） 体长 0.5~1.5 厘米
真涡虫（036） 体长 0.5~2 厘米
圆球股窗蟹（070）从地面算起高约 1 厘米
裸海蝶（034） 体长 1~3 厘米
墨西哥钝口螈（102） 从地面算起高约 3 厘米
粉红犰狳（064） 体高约 5 厘米
吸蜜蜂鸟（082） 全长约 5 厘米
密西西比红耳龟（054）从地面算起高 5~6 厘米
象鼩（058） 体高约 6 厘米
银喉长尾山雀（048） 从地面算起高约 6 厘米
高冠变色龙（092）从地面算起高约 8 厘米
灰椋鸟（068） 从地面算起高约 10 厘米

11~30 厘米

四趾刺猬（022） 体高约 11 厘米
花栗鼠（014） 体长 11~15 厘米
侏狨（042） 体长 12~15 厘米
娇鹟鹛（106） 全长 12.5~14.5 厘米
菲律宾眼镜猴（104） 体长约 13 厘米
豚鼠（010） 体高约 13 厘米
黄金仓鼠（004） 体长 13~18 厘米
睡鼠（080） 体长 13~19 厘米
臭鼬（090） 体高约 15 厘米
鸭嘴兽（100） 体高 15~20 厘米
蜜袋鼯（008） 体长 16~21 厘米
鹌鹑（098） 全长约 20 厘米
聊狐（012） 体高约 20 厘米
瑞氏黄鼠（050） 体长约 21 厘米
倭蜂猴（040） 体长 21~29 厘米
绒毛丝鼠（002） 体长 22~38 厘米
穴兔驯化种（026）体长 23~30 厘米
沙猫（020） 体高 24~25 厘米
兔狲（088） 体高约 25 厘米
微型猪（108） 体高约 25 厘米
树袋熊（016） 体高 25~30 厘米
八齿鼠（078） 体长 25~31 厘米
细尾獴（030） 体长 25~35 厘米
黑尾草原犬鼠（032） 体长 28~35 厘米
鸮鹦鹉（072） 从地面算起高约 30 厘米
鸡尾鹦鹉（094） 全长 30~35 厘米
环尾狐猴（074） 体长 30~45 厘米
穴兔（006） 体长 30~50 厘米

31~50 厘米

黑足猫（060） 体长 32~52 厘米
原鸽（096） 全长约 33 厘米
林鼬（024） 体长 33~41 厘米
鸭子（076）从地面算起高约 35 厘米
袋獾（066） 体高约 35 厘米
柯氏犬羚（046） 体高 35~45 厘米
毛吻袋熊（018） 体高约 36 厘米

50~99 厘米

鼷鹿（085） 体长约 50 厘米
水豚（052） 体高 50~62 厘米
白眉企鹅（038） 全长 60~80 厘米

图书在版编目(CIP)数据

弱小的进化 / (日) 今泉忠明编 ; 钱剑锋译. -- 北京 : 中信出版社, 2023.10

ISBN 978-7-5217-5406-3

Ⅰ. ①弱… Ⅱ. ①今… ②钱… Ⅲ. ①动物—青少年读物 Ⅳ. ①Q95-49

中国国家版本馆CIP数据核字(2023)第033781号

弱小的进化

编　者 : [日] 今泉忠明

译　者 : 钱剑锋

出版发行 : 中信出版集团股份有限公司

(北京市朝阳区东三环北路27号嘉铭中心　邮编　100020)

承 印 者 : 北京尚唐印刷包装有限公司

开　本 : 880mm×1230mm　1/32　印　张 : 4　字　数 : 100千字

版　次 : 2023年10月第1版　印　次 : 2023年10月第1次印刷

京权图字 : 01-2023-0200

书　号 : ISBN 978-7-5217-5406-3

定　价 : 34.00元